軟体動物
体の外側にかたいからをもつ（イカ、タコ、ナメクジなど以外）

カタツムリ

環形動物
体は細長く、多くの体節からなる

ミミズ

線形動物
細長い糸のような体で、ほかの動物に寄生して生きるものも多い

回虫

節足動物
外骨格をもち、脱皮をして成長する。節のある体をもち、脚にも関節がある

バッタ

脱皮動物

前口動物

棘皮動物
海に住み、皮ふには骨板または骨片がある。外から取りこんだ海水が体の中をめぐる

ヒトデ

せきつい動物
体を支える背骨をもつ。血液の中にヘモグロビンがあり、血が赤い

マグロ

左右相称動物

後口動物

＊触手：動物の体の前方につき出す、うで以外のやわらかくて細長いもの
＊器官：動物の体内で、いくつかの組織が集まって1つのはたらきをするもの

びっくり！おどろき！
動物まるごと大図鑑

2 動物のふしぎなすがた

中田 兼介 著

はじめに

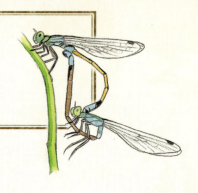

すがた・かたちの意味

　私たちがなにげなく目にしている動物たちですが、そのすがた・かたちや体の色をよく見てみれば、動物の種類によってそれぞれちがっていることがわかります。
　美しいすがた・かたちはたくさんありますが、なかにはなじみのない動物の見た目に気持ち悪さを感じる人もいるかもしれません。しかし、私たちには奇妙に思われる動物のすがた・かたちや体の色にも、りっぱな意味や役割があります。眼には見えないような体の小さな部分や、動物にしか見えない色が、生きていく上で大事な意味をもっている場合もあります。これらの意味や役割は、すがた・かたちの進化と関係しています。
　これらの意味を知れば、これまで気持ち悪さを感じていたような動物のすがた・かたちが、ちがって見えてくるでしょう。そうすることで私たちの動物への接し方が、これまで以上に優しいものになっていけば、自然はより豊かなものになっていきます。

すがた・かたちのひみつ

　何百万種もいる動物のすがた・かたちについて、すべてが明らかになっているかというとそうではありません。これからも、身近な動物のものもふくめて、そのすがた・かたちや色に隠されたひみつが次つぎと明らかになっていくことでしょう。
　このような知識は私たちと動物の関係を良くしてくれるだけではありません。私たちは、生活を良くするために動物のすがた・かたちに学び、新しい技術を開発する参考にしています。長い時間をかけて進化してきた動物たちは、私たちの先生でもあるのです。

すがた・かたちの理由

移動するため
ワシは翼により空を飛ぶことができる（→ p.11）

食べるため
ライオンはするどい犬歯で獲物の肉をかじり取る（→ p.21）

身を守るため
アルマジロはヨロイのようなかたい皮ふで身を守る（→ p.22）

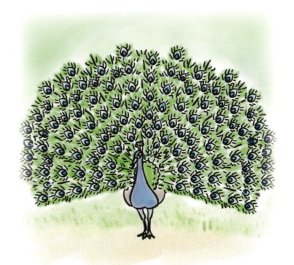

異性をひきつけるため
オスのクジャクはきれいなハネでメスをひきつける（→ p.25）

2 動物のふしぎなすがた

もくじ

はじめに ……………………………………………… 2

第1章 すがた・かたち

すがた・かたちの進化 …………………………… 6
収れん進化 ………………………………………… 8
空を飛ぶかたち …………………………………… 10
大きさと体の支え方 ……………………………… 12
動物の右と左 ……………………………………… 14
動物をまねた技術 ………………………………… 16

第2章 かたちの役割

意味のあるかたち ………………………………… 18
口のかたち ………………………………………… 20
身を守るためのかたち …………………………… 22
オスとメスのかたち ……………………………… 24
変化するかたち …………………………………… 26

第3章 もようと色

もようと色の意味 ………………………………… 28
見た目でだます …………………………………… 30
目立って身を守る ………………………………… 32
色のでき方と見え方 ……………………………… 34
同じにならないもようや色 ……………………… 36

さくいん ……………………………………………… 38

この本の見方

　この本は、動物のふしぎなすがたについて紹介・解説しています。第1章では「すがた・かたち」をテーマに、動物が生きていくためにすがた・かたちを進化させたふしぎを、第2章では「かたちの役割」をテーマに、動物のかたちのふしぎを、第3章では「もようと色」をテーマに、動物のもようと色のふしぎを紹介・解説しています。

> それぞれの章のはじめには、章のテーマをおりこんだ楽しいイラストを描いています。

> わかりやすく見てもらうために、生き物たちの大きさは、実際の比率とは変えています。

> それぞれの項目には、動物のふしぎなすがたの例をイラストで紹介しています。

すがた・かたちの進化

くらし方や環境が変わると、
動物のすがたやかたちも変わっていきます。

インドヒウス

アンブロケトゥス

パキケトゥス

動物たちのふしぎなすがた

　ヒトや鳥、魚、チョウ、ヒトデ、カタツムリにクラゲなど、この世界にはいろいろな動物がいます。これらの動物たちのすがた・かたちは、進化によって生み出されました。
　同じ種類の動物でも、そのすがた・かたちは個体*によって少しずつちがっています。このちがいが、生き残りやすさや子の残しやすさと関係し、ある個体がほかの個体より多くの子孫*を残すことがあります。多くの子孫を残すことに成功した個体のもつすがた・かたちは子孫に受けつがれ、しだいにその種類のなかで増えていきます。このような進化のしくみを「自然選

*個体：1匹の動物のこと

*子孫：ある生物の血を受けついで生まれてきたもの

第1章 すがた・かたち

ほ乳類のイルカやクジラは、陸上で四足歩行していた祖先が、長い時間をかけて水中での生活に適応していった。骨格＊を見ると、祖先のかたちから進化してきたことがわかる

択」と呼びます。
　動物はくらし方や住む環境によって、似たような進化をすることがあります。一方で、進化によって新しくできたすがた・かたちは、祖先の動物が元になってできてきます。そのため、祖先がちがえば、同じ環境で同じようなくらし方をしていても、すがた・かたちがちがってくることがあります。このようにして、今ではいろいろな動物が見られるようになったのです。第1章では、動物たちが環境に合わせて進化していったようすを見ていきましょう。

＊骨格：内側や外側から動物の体を支え、かたちを保つかたい部分

7

収れん進化

ちがう種類の動物たちでも、同じような環境でくらすと、すがた・かたちが似てくることがあります。

オーストラリアで見られる収れん進化の例

アリクイ

フクロアリクイ（オーストラリア）

どちらもシロアリをエサとするので、シロアリの巣に入りやすい細長い舌をもっている

モモンガ

フクロモモンガ（オーストラリア）

前足とうしろ足の間の皮膜を広げることで、木から木へ空中を滑空して移動する

オーストラリアで見られる動物たち

似た環境で、似たくらし方をしている動物は、ちがう種類でも同じようなすがた・かたちになることがあります。これを「収れん進化」といいます。

その例として、オーストラリアに生息する動物たちを見ていきます。オーストラリアは、大昔にほかの大陸と切り離されたため、ほかの多くの地域では絶滅した、有袋類＊というグループがさかえて、多くの種類を生み出しました。

有袋類には、ほかの大陸にいる動物とよく似たすがた・かたちをしたものがいます。これはちがう大陸に住んでいてもくらし方が似ていたため、収れん進化がおこった結果だと考えられています。

＊有袋類：おなかについた袋で子どもを育てるほ乳類の種類

第1章 すがた・かたち

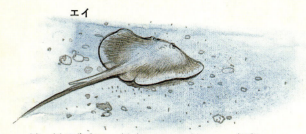

サメと同じ軟骨魚類*の仲間のエイの多くは、水底でのくらしに適応している。砂の中の貝などを食べるので、水中を速く泳ぐ必要はない

イルカ・クジラに一番近い動物はカバだと考えられている。カバは水草や陸上の草を食べる

流線型に進化した動物と近い種類の動物

ペンギンとアホウドリは近い仲間の可能性があると考えられている

カエルアンコウはカツオと同じ硬骨魚類*の一種だが、泳ぐのがへたで胸ビレで海底をはい歩く。エサは待ちぶせをしてとる

海中で見られる流線型

　海の中でほかの魚などを追いかけて食べる動物には、とがった頭から胴体がなめらかにふくらみ、体の後半にかけて再び細くなる、「流線型」と呼ばれるかたちをしているものがたくさんいます。空気と比べて水は押しのけて進むのが大変ですが、流線型をしていると、水を押しのける力が小さくてすみます。このため、速く泳ぐことができ、生きていくのに必要なエネルギーを節約できるのです。

　また、これらの動物は、大きな尾ビレを体のうしろに備えています。体をくねらせて、全身の筋肉を使った大きな力を尾ビレに伝えて泳ぐのです。

*軟骨魚類：全身の骨格がやわらかい軟骨でできている。サメやエイが代表的である

*硬骨魚類：骨格の大部分がかたい硬骨でできている。多くの魚類が硬骨魚類である

空を飛ぶかたち

飛ぶためのかたちは
どのようなものか確認します。

鳥が飛ぶしくみ（ハトの例）

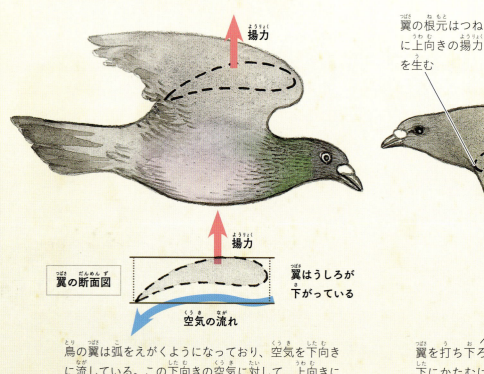

鳥の翼は弧をえがくようになっており、空気を下向きに流している。この下向きの空気に対して、上向きに引っ張る力がはたらく

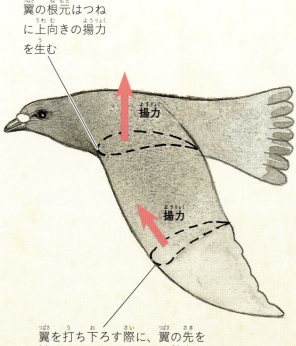

翼の根元はつねに上向きの揚力を生む

翼を打ち下ろす際に、翼の先を下にかたむけることで、上向きの力を前向きに変える

翼のはたらき

鳥は空を飛ぶことにもっとも成功したグループです。空を飛ぶための翼は、うしろが下がるかたちをしています。翼に当たった空気はそのかたちにそって下向きに流れ、それにつり合う「揚力」という上向きの力が生まれます。この力が翼にはたらくことで鳥は空を飛ぶことができます。翼に空気を当てるため、鳥はつねに前に進む必要があります。鳥は羽ばたくときに翼を下にかたむけ、前に切りこむようにします。このとき上向きの力が前向きに変わり、前に進む力になります。

このような飛行のしくみは、コウモリや昆虫といったほかの動物でも基本的には同じだと考えられています。

第1章 すがた・かたち

飛ぶための鳥の体

鳥の骨は、中にたくさんの空洞があるが、同時にたくさんの柱状の構造で全体を支えており、軽さと強さを同時に実現している

鳥の骨の断面図

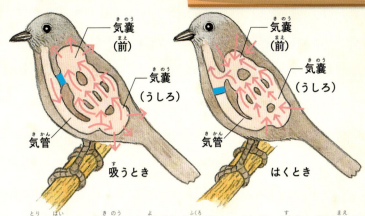

鳥の肺には「気嚢」と呼ばれる袋がついており、吸うときは前の気嚢と気管をつなぐ管がふさがり、はくときはうしろの気嚢と気管をつなぐ管がふさがる。これにより肺には空気が1方向に流れて、吸う息とはく息が混ざらないようになっている

滑空する動物たち

ナベブタアリ
脚や体の向きを変えて飛ぶ方向をコントロールする

トビトカゲ
皮膜をろっ骨で支えた翼をもっている

ワシ
空を滑空しながら獲物を探す

アカイカの一種
ヒレと足を翼にし、水をはきながら30メートル以上も飛ぶところが観察された

飛ぶための体のつくり

体が軽ければ飛ぶためのエネルギーが少なくてすむので、鳥の骨は強さと軽さを同時に実現できる構造となっています。また、空を飛ぶためにはたくさんの酸素が必要になるので、鳥は効率のよい肺を進化させました。ヒトの肺では吸った空気とはく空気が混ざってしまい古い空気が残りますが、鳥の肺では吸う空気とはく空気が混ざらず、常に新鮮な空気で効率よく酸素を取りこめるようになっています。

助走をつけて空中に飛び出したり、高いところから飛び降りたりして前に進めば、羽ばたかずに飛ぶことができます。これを「滑空」と呼び、大型の鳥では重要な空を飛ぶ方法となっています。滑空で飛ぶ動物は、モモンガなど鳥以外にも見られます。

11

大きさと体の支え方

体の大きさや体の支え方は、動物によって決まっています。

ネコとバッタの骨格

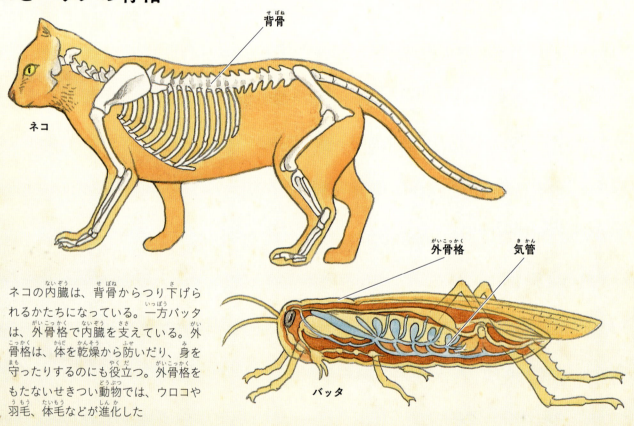

ネコの内臓は、背骨からつり下げられるかたちになっている。一方バッタは、外骨格で内臓を支えている。外骨格は、体を乾燥から防いだり、身を守ったりするのにも役立つ。外骨格をもたないせきつい動物では、ウロコや羽毛、体毛などが進化した

体の支え方と体の大きさ

陸上では、水中のように物を浮かそうとする力（浮力*）がはたらきません。そのため、せきつい動物は体の中の骨で、昆虫やクモは体の外のかたい骨格（外骨格）で体を支えます。

このちがいは体の大きさに影響します。外骨格をもつ動物では、体が大きくなると、支えるための外骨格を厚くしなければなりません。しかしそうすると、体の中の筋肉を増やすことがむずかしくなります。そのため、昆虫やクモには体の大きな種類はいないと考えられています。一方、せきつい動物では骨と筋肉を同時に増やすことができるので、大きな動物が進化しやすかったのでしょう。

*浮力：水の中でものに対して重力とは逆方向にはたらく力

第1章 すがた・かたち

ウニ
ウニなどの棘皮動物は、皮ふの下にからをもっている

ミミズ
体にかたい骨格がなく、体の中にたくわえた体液の圧力でかたちを保つ

メガネウラ
古生代に生きていた大型のトンボ。そのころの地球では今より酸素が豊富で、大きな昆虫でも体の奥まで酸素を行きわたらせることができた

から

ハネをひろげると70センチメートルになる

体の中は体液で満たされ骨格はない

クマにおけるベルクマンの法則の例
寒い地域に生息するクマの方が、暖かい地域のクマよりも大きくなっていることがわかる

ホッキョクグマ　　ヒグマ　　ツキノワグマ　　マレーグマ

← 寒い地域　　　　　　　　　　　　　暖かい地域 →

体の大きさを決める要因

　呼吸の方法のちがいも、昆虫が大きくなれない理由として考えられています。昆虫では気管という管が体中に張りめぐらされています。気管は体のいろいろな場所にある気門から酸素を取りこみ体中に運びます。このため、体が大きくなると、体の奥まで酸素が行き届かなくなります。

　ほ乳類では、同じグループの動物だと寒い地域に住むものほど体が大きい場合があり、これを「ベルクマン*の法則」といいます。寒い地域では、熱をつくるために体重を増やし、体温がにげるのを防ぐために表面積を小さくすることが重要です。体を大きくすることで、体重に対する表面積を小さくすることができます。

*ベルクマン：クリスティアン・ベルクマン（1814～1865年）は、1847年に体温と体重に関する法則を発表したドイツの生物学者

13

動物の右と左

動物には、体に左右のあるものとないものがおり、左右があっても、それぞれかたちがちがう種類がたくさんいます。

右・左のある動物とない動物

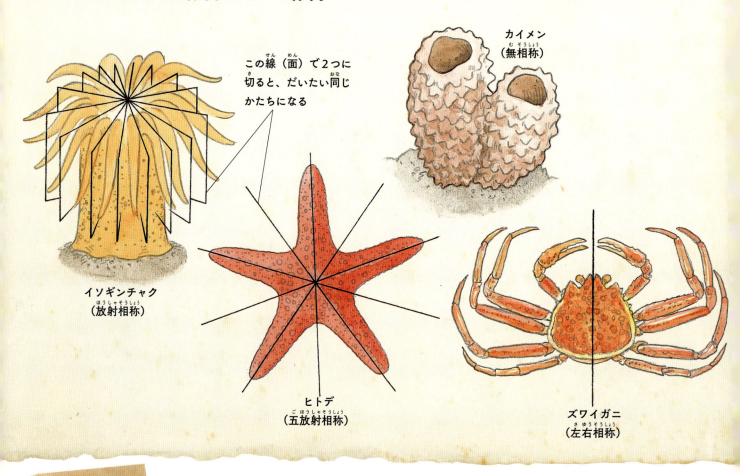

この線（面）で2つに切ると、だいたい同じかたちになる

イソギンチャク（放射相称）
ヒトデ（五放射相称）
カイメン（無相称）
ズワイガニ（左右相称）

動物の対称性

多くの動物には右と左がありますが、クラゲやヒトデには右と左の区別がありません。クラゲやイソギンチャクは、2つに切ったときのかたちが、だいたい同じになるような切り方が無数にある体のつくりをしています。このような体を「放射相称」と呼びます。

ヒトデの場合は、このような切り方が5通りあるので「五放射相称」といいます。一見わかりにくいのですが、ヒトデの仲間であるウニやナマコも、体のつくりをよく見ると五放射相称になっています。

また、カイメンのように、同じかたちになるような切り方がない「無相称」動物もいます。

第1章 すがた・かたち

左右でちがいをもつ動物たち

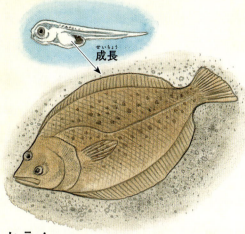

ヒラメ
2つの眼が体の左側にある。卵※からかえったばかりのヒラメは眼が両側にあるが、大きくなるにつれて右眼が左側に移動してくる

カタツムリ
種類によって貝がらの巻く向きが決まっている。体の片側にある交尾器を密着させて交尾＊するので、巻きが同じ相手としか子を残せない

アメリカンロブスター
片方のハサミは大きく、エサの貝やカニのこうらなどを割るために使う。もう片方のハサミは肉を小さく切って口に運ぶ

スケールイーター
ほかの魚のウロコを食べるスケールイーターの口は、エサの魚の胴体にできるだけ大きくあてるため、右か左のどちらかに曲がっている

フクロウ
耳のついている高さが左右でちがっている。音の聞こえ方が左右の耳でちがうことを利用して、音がどこから出ているかを知ることができる

動物の右・左

　ヒトをはじめとする多くの動物では、同じようなかたちになる切り方は1通りしかありません。このような体のつくりを「左右相称」といいます。左右相称の動物だけが、その切り方で決まる前後左右をもっています。

　左右相称といっても、その左右がまったく同じとはかぎりません。ヒトの心臓が左側にあるように、体の中のつくりが左右でちがう動物はたくさんいます。見た目では、左右が同じ動物もいれば、左右で特徴的なちがいが見られる動物もいます。そのような左右のちがいは意味のあるもので、生きていくために大事な役割をもっています。

※大型でからをもつ「卵」は「たまご」と読むことが多いが、それ以外の「卵」もまとめてあつかう本書では、すべてを「らん」と表記します

＊交尾：繁殖のときに、オスがメスに精子をわたすために腹部をあわせること

動物をまねた技術

私たちがふだん利用している製品や技術には、動物の体を参考にしたものがいろいろとあります。

動物の観察から生まれた技術

ヘビは体をくねらせて移動する。このおかげで、せまいすき間を通りぬけたり木に登ったりといろいろな場所を進むことができる。この能力をまねて、ヒトや車両の入れない場所で活動するヘビ型ロボットの開発がおこなわれている

カワセミは水に飛びこんで魚をつかまえる。くちばしから頭部にかけてのかたちは、水面での衝撃を小さくするようになっている。新幹線５００系車両は、このカワセミのかたちを参考に開発された

失敗の上に成り立つ進化

動物のすがた・かたちは、その置かれた環境で、よりうまく生きていけるよう長い時間をかけて進化してきました。そのかげには、うまくない方法を採用したために、子孫を残すことができなかった動物がたくさんいました。今生きている動物のすがた・かたちは、たくさんの失敗した試みの上に成り立っているのです。

私たちが新しい技術や発明を生み出すときも、何度も何度も失敗をくり返して、そのなかからうまくいくものを選び出していきます。こう考えると、今生きている動物は、自然のおこなった発明の結果だといえるでしょう。

第1章 すがた・かたち

動物たちの体のひみつ

ヤモリの足の指

ヤモリはかべを登ることができる。そのひみつは足の指のうらにある細かい毛にある。毛の先はさらに枝分かれしており、その1本ずつがふれたものと引き合う力をもっている。このはたらきを利用して、粘着テープやかべを登るための手袋の開発がおこなわれている

指先の拡大図

コウノトリの翼からヒントをえたグライダーで飛行実験をおこなうリリエンタール

空気のうず

ハネの断面

トンボのハネの断面はジグザグに折れ曲がっている。これにより折れ曲がったところで小さな空気のうずができ、空気がなめらかに流れるようになる。このはたらきを利用して、効率よく風を送るエアコンが開発されている

バイオミミクリー 今生きている動物たちは、それぞれ生き残るためのすぐれた能力を身につけています。そのような動物のかたちやそのはたらきをまねれば、なにもないところから始めるよりもずっと簡単に新しい技術をつくり出すことができます。

たとえば、ライト兄弟より以前に飛行機をつくろうとしたリリエンタール*は、コウノトリをまねてグライダーの翼をつくりました。現在では、このような「バイオミミクリー(バイオ＝生物、ミミクリー＝まね)」は大きな注目を集めており、動物の観察からえられた発想をもとにさまざまな製品が開発されて、私たちのくらしに役立っています。

＊リリエンタール：オットー・リリエンタール（1848〜1896年）は、飛行に関する多数の実験をおこなったドイツの航空研究家

17

第2章
かたちの役割

意味のあるかたち

動物は環境に適応して、それぞれかたちを変えています。

ミツクリザメ
生息水深：1200メートル

イバラヒゲ
生息水深：300 〜 2000メートル

フクロウナギ
生息水深：
550 〜 3000メートル

イトヒキイワシ
生息水深：
500 〜 1000メートル

一般に水深200メートル以上を深海という。
深海の研究は始まったばかりであり、深海
でくらす生物についても謎が多い

動物たちのかたちの変化

動物のかたちは、そのくらし方と深く結びついています。なにを食べるのか、どこに住むのか、活動する季節や時間帯はいつか、子をいつ何匹産むのか、どのような家族や社会をつくるのかなど、これらはすべてかたちに大きく影響します。特別なくらし方をする動物の変わった

かたちを見ると、このことがよくわかります。
たとえば、光が届かない深い海の底では、私たちにはなじみのないかたちをした動物がたくさんいます。自ら発光するもの、わずかな光をとらえるため眼が大きくなったもの、色を失ってしまったもの、少ないエサで生きていくため口が

第2章 かたちの役割

ヒカリキンメダイ
生息水深：200〜400メートル

リュウグウノツカイ
生息水深：200〜1000メートル

ホウライエソ
生息水深：
200〜1000メートル

熱水噴出孔

チューブワーム
熱水噴出孔周辺に生息

ユノハナガニ
熱水噴出孔周辺に生息

　大きくなったものなど、それぞれのかたちには役割があるのです。
　光合成*のできない深海には、数百度にもなる高温の水がふき出してくる場所（熱水噴出孔）があります。ここには、熱水といっしょに出てくるイオウという物質を栄養源とするように なった、変わったかたちの動物がいます。もし地球とはまったくちがう環境をもった星に生き物がいたとしたら、そのかたちはもっとちがっているでしょう。
　第2章では、地球のさまざまな環境に適応したかたちをもつ動物たちを見ていきましょう。

*光合成：植物が光によってエネルギーをつくること

口のかたち

動物の口のかたちは、くらしやエサによってちがってきます。

ダーウィンフィンチのくちばしのかたちとエサ

オオガラパゴスフィンチ
大きくかたい植物の種子をつぶして食べる

ガラパゴスフィンチ
中くらいの大きさの植物の種子を食べる

コダーウィンフィンチ
小さな種子を食べたり花のミツを吸ったりする

ムシクイフィンチ
昆虫を食べる

鳥のくちばしのかたち

鳥のくちばしは、細長いもの、ずんぐりしたもの、平べったいもの、先が曲がったものなど、それぞれの種類でかたちがちがっています。これは進化の結果です。

たとえば、太平洋の東部にあるガラパゴス諸島にくらす鳥のダーウィンフィンチでは、くちばしのかたちが少しずつちがう別の種類が島ごとに住んでいます。これらのダーウィンフィンチはもともと1つの種類でした。それが、別べつの島に分かれてくらすことになり、島によってちがうエサに合わせて、くちばしのかたちが変わっていきました。そうして、別べつの種類へと分かれていったと考えられています。

第2章 かたちの役割

ライオン
するどくとがった犬歯を使って、肉をかじり取る

ヒゲクジラ
ヒゲのように見える細かいクシ状のものが口に生えており、プランクトンなどの小さなエサをこし取って食べる

ヤツメウナギ
あごのない口でほかの魚の体に張りつき、歯をつき立てて体液を吸う

口

サザエ
貝やイカの仲間は、口の中にあるやすりのような歯舌を使って、食べ物をけずり取る

サザエの口の構造
食道　口　触覚
歯舌

サザエはふたにより身を守っており、体を見せないようにしている

バッタ
植物をかむ
口器*

ミツバチ
花のミツを吸い取る
口器

カ
動物につき刺して血を吸う
口器

チョウ
細長い花の奥にあるミツでも吸い取ることができる
口器

さまざまな口

　ヒトは、手を使えるのでいろいろな食材を加工することができます。また、道具を使ったり料理をしたりすることで、食べ物の大きさや食べやすさを自分の口に合わせて変えることができます。

　しかし、ほかの動物ではこのようにはいきません。エサの大きさや種類、エサのある場所などに合わせて、口のかたちがちがってくるのです。植物をすりつぶす、木の実を割る、肉をかじり取る、かくれているエサをほじくり出す、液体を吸い取る、水の中の小さなものをこし取るなど、それぞれの食べ方に合った口のかたちになっているのです。

＊口器：節足動物のくちびるやあごなど、エサを食べる際に役に立つ器官をまとめた呼び方

21

身を守るためのかたち

動物たちは子を残す前に、
自分の身を守らなければなりません。

カメとアルマジロのこうらのちがい

カメのこうらは、あばら骨が変形してできている。前足をこうらの中にかくせるよう、肩甲骨（肩の骨）があばら骨とこうらの間に移動している

アルマジロのこうらは、かたくなった皮ふでできており、あばら骨はこうらと別べつになっている

生きぬくために身を守る

エサをいくらたくさん食べてエネルギーをたくわえ太っても、自分が食べられてしまってはおしまいです。そのため、動物は身を守るためのさまざまな方法をあみだしてきました。

自分を食べようとする天敵*からにげるために速く走れるようになったり、眼や耳の感覚をするどくしてできるだけ遠くから天敵を見つけたりなどです。なかには、体の一部をかたくしてヨロイをまとったようなすがたになり、天敵につかまっても簡単には食べられないようになった動物もいます。カメやアルマジロ、さまざまなかたちをした貝、フジツボなどがその例です。

*天敵：ある生物をエサにするなどして死にいたらしめる動物のこと

第2章 かたちの役割

貝がらを捨てた貝の仲間

アオウミウシ
ウミウシは貝の仲間（軟体動物）

コウイカ
イカも貝の仲間で、小さくなった貝がらが「背骨」として残っている

ヤマナメクジ
ナメクジはカタツムリに近い貝の仲間

とがったかたちで身を守る

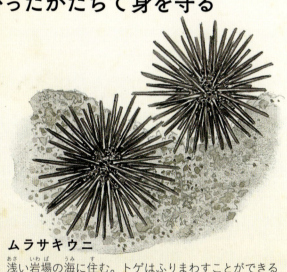

ムラサキウニ
浅い岩場の海に住む。トゲはふりまわすことができる

クワゴマダラヒトリ（ガの一種）の幼虫
毛によって身を守っている。毛を短くかる実験をすると、オサムシなどの天敵にすぐに食べられてしまう

積極的に身を守る

身を守るためにヨロイをまとっても、かたい体はすばやい動きをするには向いていません。天敵からにげるためにも、エサをつかまえるためにも動きの速さは重要です。貝の仲間で、貝がらを捨てた動物がたくさんいるのはそのためかもしれません。

毛虫やウニ、ヤマアラシなど、体にトゲや毛などのとがったかたちをつける動物もいます。これらも身を守るはたらきがあると考えられています。また、角やキバのように、エサとなる動物をおそうためではなく、天敵とたたかう武器としてとがったかたちをもつようになった動物もいます。

23

オスとメスのかたち

多くの動物で、オスとメスでは
すがたやかたちが異なっています。

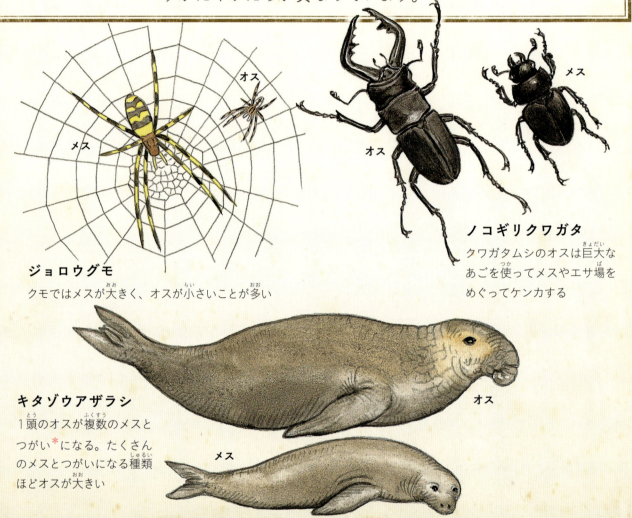

ジョロウグモ
クモではメスが大きく、オスが小さいことが多い

ノコギリクワガタ
クワガタムシのオスは巨大なあごを使ってメスやエサ場をめぐってケンカする

キタゾウアザラシ
1頭のオスが複数のメスとつがい*になる。たくさんのメスとつがいになる種類ほどオスが大きい

オスとメスの体の大きさ

ヒトでは、男性の方が女性よりも体が大きいことが多いです。しかし、動物のなかには、オスよりもメスの方が体の大きい種類がたくさん見られます。

メスは体が大きくなると、たくさんの卵をおなかにかかえることができますが、オスは体を大きくする必要はありません。メスをめぐってオスが激しく争うような動物では、オスの体が大きいとケンカに勝ちやすくなりますが、そうでない動物では、オスは小さくてもかまわないのです。

*つがい：動物が繁殖のためにつくる、オスとメス1匹ずつの組み合せ

第2章 かたちの役割

クジャク
オスは目玉もようのついた巨大なかざりバネをひろげて求愛*する

キジ
はでな色をしているのがオスで、メスはじみなもようをしている

タマシギ
オスだけが子育てするタマシギはメスが大きくはでで、オスがじみなもようをしている

ミシシッピーアカミミガメ
前足のツメは、オスだけ長くなっている。オスは前足を左右にふって求愛する

オスとメスの見た目のちがい

オスとメスでかたちがちがっている動物もいます。ケンカのための武器をオスだけがもっている場合が、その１つの例です。

また、異性からつがい相手として選ばれるために、はでなすがた・かたちをする動物でも、オスとメスのかたちがちがってくると考えられています。選ばれる側ははでな見た目になりますが、選ぶ側ははでな見た目は必要ありません。求愛のためにオスがはでになる動物が多いですが、オスが子育てをする動物では繁殖*活動ができるオスの数が少なくなるため、メスが求愛することがあります。このときメスがはでになり、オスがじみになることもあります。

*求愛：繁殖のために異性をひきつける行動
*繁殖：生き物が子をつくり産み育てて数を増やすこと

変化するかたち

同じ種類の動物が、つねに同じかたちになるわけではなく、
環境に合わせてかたちを変える動物もいます。

環境によってかたちを変える動物たち

エゾアカガエルのオタマジャクシ

通常型：天敵のいない環境で育った個体

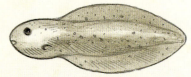
対ヤゴ型：かみついてくる天敵（ヤゴ）がいると、ねらわれても平気な尾が大きくなる

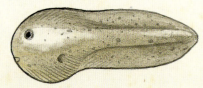
対サンショウウオ型：丸のみしてくる天敵（サンショウウオの幼生＊）がいると、のみこまれないように頭が大きくなる

エゾサンショウウオの幼生

オタマジャクシを食う側のエゾサンショウウオの幼生は、オタマジャクシがいる環境だと、のみこみやすくなるように頭を大きくする

頭を大きくする

オタマジャクシからカエルへの変化
水中から陸上へ生息環境を変えて大きくすがたを変えることを「変態」という

環境による変化

　動物にとって、生き残りやすく子を残しやすいかたちは、住んでいる環境がちがえば、変わってきます。そして、動物はいつも同じ環境でくらすことができるとはかぎりません。たとえば、育つ季節によって温度や日の長さはちがいます。天敵が何種類かいたとしても、実際にどの天敵と出くわすかは場所によってちがいます。そのため、動物のなかには、成長のしかたをいくつももつようになったものがあらわれました。このような動物は、ちがう環境で育つと、同じ種類でも個体によって大きくちがったかたちになります。
　このような、環境に合わせて変化できる能力を「表現型可塑性」といいます。

＊幼生：親とちがったかたちやくらし方をしている子。昆虫では特に「幼虫」と呼ぶ

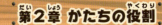
第2章 かたちの役割

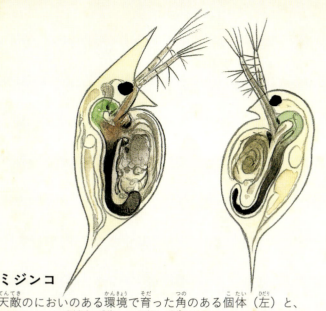

ミジンコ
天敵のにおいのある環境で育った角のある個体(左)と、においのない環境で育った個体(右)

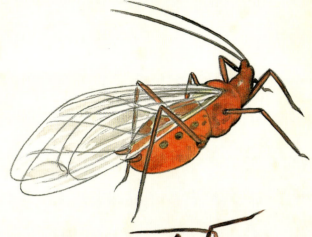

ヒゲナガアブラムシ
同じ種類のアブラムシが周囲で増えてくると、ハネの生えたアブラムシのメス(上)があらわれる。この個体は遠くへ飛んでいき、新しい場所でハネのない子(下)を産む

孤独相

群生相

サバクトビバッタ
よい環境では、1匹ずつが離れてくらす(孤独相)が、環境が悪化すると残された住み場所に集まってくる。集団で育ったバッタ(群生相)は孤独相よりも体が小さく、大規模な群れをつくって農作物などを食いあらす

ちがうかたちに成長する動物たち

　プランクトンの一種であるミジンコでは、天敵のにおいのある環境で育つと、頭に大きな角が生えてくることが知られています。角は天敵から身を守るためのかたちで、天敵のにおいのない環境では生えてきません。このような変化は、エサがたくさんあれば体が大きくなるという受け身の変化ではなく、環境の変化に合わせて自らがおこなうものです。

　また、環境が悪くなってくると、その場を離れるために、ハネを生やしたりハネを大きくしたりする動物もいます。遠くまで移動しやすいかたちをした個体を生みだすことで、よりよい環境で子を増やすことができるのです。

第3章 もようと色

もようと色の意味

動物のさまざまなもようや色には意味があります。

しまもようの理由 1

シマウマが走ると、天敵が錯覚をおこし、走る方向が見分けづらくなる

しまもようの理由 2

シマウマの血を吸うツェツェバエにとって、しまもようが魅力的でない

動物たちのもようと色

　私たちの目を楽しませてくれる動物のもようや色にも、生きるための意味がひそんでいます。たとえば、目立たないもようや色を備えれば、天敵の目をだますことができます。逆に目立つことで危険をさける動物もいます。

　目立つことは、つがい相手を探すときにも役に立つことがあります。なぜなら遠くからつがい相手に見つけてもらいやすくなりますし、目立つ異性が好まれることも多いからです。

　特定のもようや色が目立つか目立たないかは、背景やまわりの光、見る側の動物がどのくらい細かいものまで見えるのか、色をどのく

※シマウマがしまもようをもつ理由はまだよくわかっておらず、おもな説が5つほどある

第3章 もようと色

しまもようの理由 3
群れでいると、ひとかたまりに見えるので、天敵にねらわれにくい

しまもようの理由 5
背の高い草のうしろにいると、目立たなくなる

しまもようの理由 4
黒い部分の方があたたまりやすいので、白い部分と温度に差ができて、空気の流れ方が変わり体を冷やす

らい見分けられるのか、などによって変わります。ある動物が私たちにとって目立たなかったとしても、まわりの動物たちには目立って見えているかもしれません。動物にとってもようや色は、ほかの動物と情報を交換するための手段にもなります。

また、体の色は体温とも関係しています。明るい色は光をたくさん反射するので体温が上がりにくく、暑い場所で生きる上で役に立つでしょう。第3章では、動物たちのさまざまなもようや色を見ていきましょう。

見た目でだます

独特のもようや色をもつことで、
じょうずに身を守る動物がいます。

背景一致

クダマキモドキ
葉とよく似たもようと色をしている

スナガニ
砂地の背景にそっくりのもようと色をもつ

アマガエル
背景によって体のもようや色が変わる

背景にまぎれる動物

エサにされる可能性のある動物は、ほかの動物に見つからないようにすれば、天敵につかまりにくくなります。また、動きまわるのではなく、じっと待ちぶせすることでエサをとる動物にとっても、相手が気づかずに近づいてくれば、よりたくさんのエサにありつくことができます。そのための方法はいくつかあります。

1つ目は、背景とよく似たもようや色をもつ方法です。これを「背景一致」といいます。動物によっては、まわりにあるものを利用して背景と自分の体を似せていきます。また、アマガエルのように体のもようや色を背景に合わせて変える動物もいます。

第3章 もようと色

隠ぺい擬態

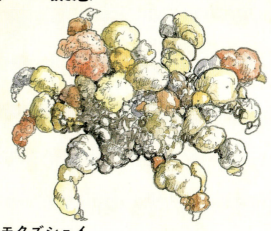

モクズショイ
カニの仲間で、こうらや足に海藻などをはりつけて目立たなくする

アカエグリバ
ガの一種で、かれ葉に擬態している

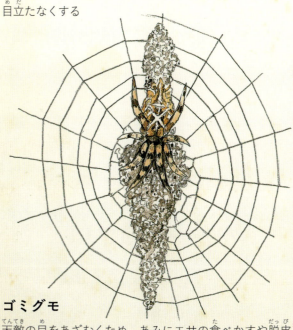

ゴミグモ
天敵の目をあざむくため、あみにエサの食べかすや脱皮＊した皮などのゴミをかざり、その上にかくれる

ハラヒシバッタの分断色

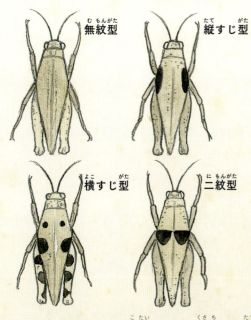

無紋型　縦すじ型
横すじ型　二紋型

いろいろなもようをもつ個体がいる。草地では縦すじ型が、砂地では横すじ型が食べられにくい分断色になっていると考えられている

だます方法

2つ目は、ほかの動物にとって重要でないものに自分の体を似せる方法で、「隠ぺい擬態」といいます。天敵にとって、植物や石などは、自分のくらしに関係がないので、そういうものを注意して見ないことが多いのです。

3つ目が、体を横切るようなもようをもつことで、体のりんかくをわかりにくくする方法です。このようなもようを「分断色」といいます。ほかの動物から体の色が見えたとしても、かたちがわからなければ見つからないのです。

どの方法も、ときには私たちの眼からもじょうずに隠れることができるほど、すぐれたやり方です。

＊脱皮：骨格やウロコなど、体のかたい表面がはがれて脱ぎ捨てられること

目立って身を守る

目立つもようや色をもつことで、自分が危険だと示したり、危険な動物をまねたりして、身を守る動物がいます。

危険を知らせるもようや色

アカハライモリ
危険を察知すると、わざとおなかの赤いもようを見せつける

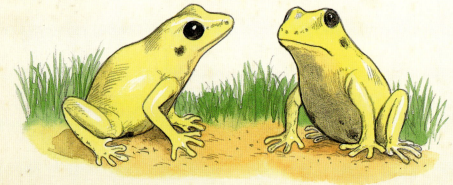

ヤドクガエル
皮ふに毒をもち、あざやかな色をもつ

警告するもようや色

動物のなかには、武器をもって天敵に反げきすることができるものがいます。しかし、天敵がそれを知らずにおそってくれば、やっつけることができても、こちらも傷つくかもしれません。そのため、武器を備えた動物は、自分の力を天敵に知らせ、おそう気にさせないことが大事です。

また、体に毒をためる動物もいますが、天敵におそわれる前に、そのことをわかってもらう必要があります。このような動物は目立つもようと色を備えることで、自分に手を出すとひどい目にあうことを天敵にうったえます。これを「警告色」といいます。

第3章 もようと色

似たもようや色のハチ

腹部の先に針を備えているハチの仲間には、黄色と黒のしまもようをもつ種類が多い。これは「ミュラー型擬態」の例だと考えられている

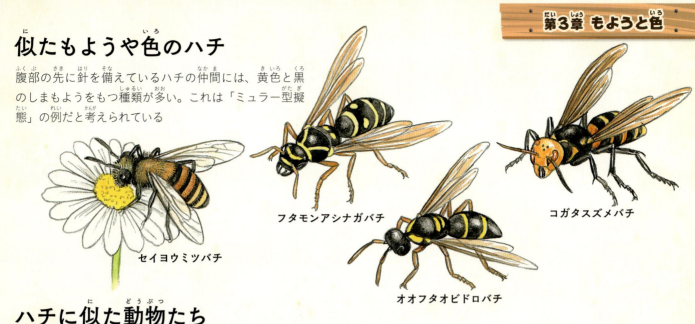

セイヨウミツバチ
フタモンアシナガバチ
コガタスズメバチ
オオフタオビドロバチ

ハチに似た動物たち

黄色と黒のしまもようをもつ昆虫は多く見られ、ハチに「ベイツ型擬態」していると考えられている（ハチ擬態）

ホソヒラタアブ
ハエやカの仲間で、ハネが2枚ある。ハナアブの仲間には黄色と黒のしまもようをもつ種類が多い

トラフカミキリ
カブトムシやコガネムシなどの仲間で、前のハネがかたくなった甲虫

ヒメアトスカシバ
ガやチョウの仲間

ベッコウガガンボ
ハエやカの仲間で、ハネが2枚ある

ミュラー型擬態とベイツ型擬態

　警告色を用いる動物は、種類はちがっても見た目がそっくりになることがあり、これを「ミュラー*型擬態」といいます。同じような見た目をもつものがたくさんいることで、より強く警告することができるのです。

　また、警告色をもつ動物がいると、自分には毒がないのに武器や毒をもつ動物と似た見た目になることで、天敵をだますという方法が可能になります。これを「ベイツ*型擬態」といいます。ベイツ型擬態をおこなえば、武器を備えたり、体に毒をためたりすることなく身を守れるので得をします。しかし、擬態される動物からすると、天敵に毒がないと思われるかもしれず、困ったことになってしまいます。

*ミュラー：フリッツ・ミュラー（1821〜1897年）は、危険な動物が似たすがたになることを発見したドイツの博物学者

*ベイツ：ヘンリー・ウォルター・ベイツ（1825〜1892年）は、アマゾンでさまざまな動植物を採集し、擬態の研究をしたイギリスの博物学者

色のでき方と見え方

動物は、いろいろな方法で光をあやつって、色をつくり出しています。

色の見え方

アカショウビン
太陽から出るさまざまな色の光がアカショウビンに当たると、赤い光だけが反射してヒトの眼に届く。こうして私たちには、アカショウビンが赤色に見える

色の見え方

私たちがものの色を感じるのは、そのものから決まった色の光が飛んできて眼に入るからです。太陽の光は、決まった色がないように見えますが、実はいろいろな色の光が混ざっています。動物のなかには「色素」と呼ばれる物質を皮ふにたくわえているものがいます。このような動物の体に太陽の光が当たると、色素が一部の色の光を吸収して残りを反射したり、特定の色の光を放ったりして、ヒトの眼に届きます。

色素は動物が自分の体でつくり出すか、植物などのエサから手に入れますが、動物によっては、老いてくると量が減って色があせてくることがあります。

きれいな構造色の理由

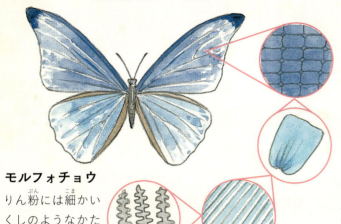

モルフォチョウ
りん粉には細かいくしのようなかたちがあり、美しい青色をつくり出す

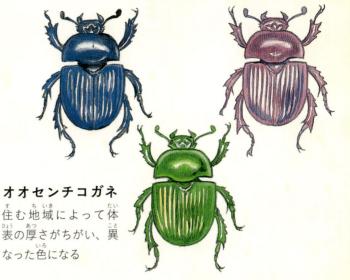

オオセンチコガネ
住む地域によって体表の厚さがちがい、異なった色になる

第3章 もようと色

ヒトには見えない色やもよう

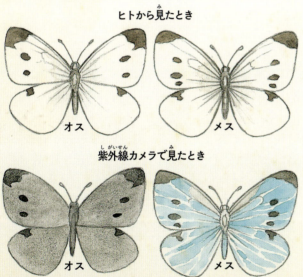

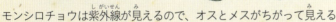

モンシロチョウは紫外線が見えるので、オスとメスがちがって見える

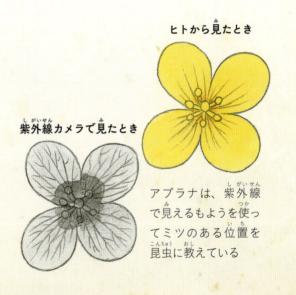

アブラナは、紫外線で見えるもようを使ってミツのある位置を昆虫に教えている

構造色と見えない色

昆虫の外骨格には、少しずつ性質のちがう物質が重なって層になっているものがあります。また、チョウのりん粉や魚のウロコのように、小さなでこぼこが並んでいるものもあります。これらに光が当たると、層の厚さやでこぼこのパターンのちがいによって、特定の色の光が強められます。このようにしてできる色を「構造色」といいます。構造色の場合、りん粉やウロコなどがはげないかぎり、色あせはおこりません。

一方、ヒトには見えない光もあります。日焼けのもとになる紫外線がその1つです。多くの鳥や昆虫は紫外線を見ることができます。生き物のなかには、紫外線で見ると、ふだんとまったくちがうように見えるものがたくさんいます。

35

同じにならないもようや色

同じ種類でも、個体によってちがったもようや色になる動物がいます。

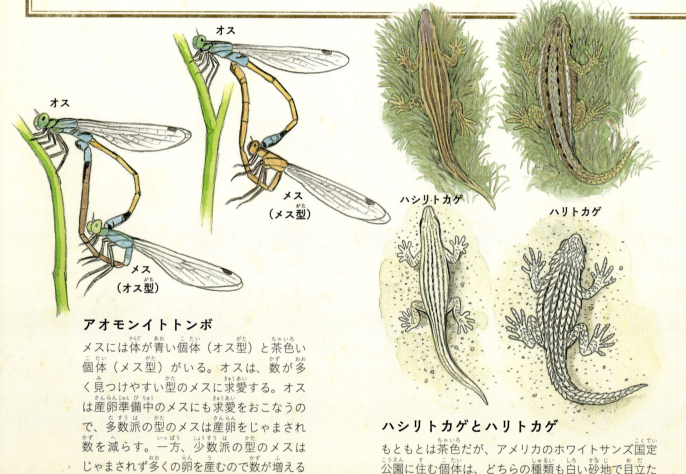

アオモンイトトンボ
メスには体が青い個体（オス型）と茶色い個体（メス型）がいる。オスは、数が多く見つけやすい型のメスに求愛する。オスは産卵準備中のメスにも求愛をおこなうので、多数派の型のメスは産卵をじゃまされ数を減らす。一方、少数派の型のメスはじゃまされず多くの卵を産むので数が増える

ハシリトカゲとハリトカゲ
もともとは茶色だが、アメリカのホワイトサンズ国定公園に住む個体は、どちらの種類も白い砂地で目立たないよう、体の色が白くなっている

同じ種類でもちがう色

　動物のかたちが進化によるものであるように、もようや色も進化の結果、生きて行くのにつごうのよいものになっていると考えられます。同じ種類の個体は、みな似た生活をするので、同じもようや色になりそうに思えます。しかし現実には、同じ種類でも、個体によってもようや色がちがう動物がたくさんいます。

　どうしてこのようなことがおこるのでしょう？　1つの理由は、同じ種類でも個体によって住む場所の環境がちがっていることです。このため、それぞれの環境でつごうのよいもようや色になるのです。

さまざまなもようをもつ動物

ハワイに生息するクモの一種のハッピーフェイススパイダー。同じ種類でも、腹部のもようがまったくちがう

ナミテントウも、同じ種類でもようや色が異なる

第3章 もようと色

生き残るためのくふう

　同じ場所に住んでいる個体でも、もようや色がちがう場合があります。

　肉食動物のなかには、今たくさんいる動物をエサとしてねらうものがいます。エサの動物は、まわりの多くの個体と同じ見た目をしていると天敵からねらわれ、どんどん食べられて数が減ります。一方、ほかとちがった見た目の個体は数が少なく食べられないので、そのうちに数が増えます。こうして、いろいろな見た目をもったタイプが増えたり減ったりしながら1つの場所でくらします。

　このことから、同じ種類で特定のもようや色をもつことが、生きていく上でつごうがよいとは限らないことがわかります。個体によりもようや色がちがうことがよい場合もあるのです。

さくいん

あ行

- アオウミウシ　23
- アオモンイトトンボ　36
- アカイカ　11
- アカエグリバ　31
- アカショウビン　34
- アカハライモリ　32
- あばら骨　22
- アブラナ　35
- アホウドリ　9
- アマガエル　30
- アメリカンロブスター　15
- アリクイ　8
- アルマジロ　3, 22
- アンブロケトゥス　6
- イオウ　19
- イソギンチャク　14
- イトヒキイワシ　18
- イバラヒゲ　18
- イルカ　7, 9
- インドヒウス　6
- 隠ぺい擬態　31
- ウニ　13, 14, 23
- 羽毛　12
- ウロコ　12, 15, 31, 35
- エイ　9
- エゾアカガエル　26
- エゾサンショウウオ　26
- オオガラパゴスフィンチ　20
- オーストラリア　8
- オオセンチコガネ　35
- オオフタオビドロバチ　33
- オサムシ　23
- オタマジャクシ　26
- 尾ビレ　9

か行

- カ　21, 33
- ガ　23, 31, 33
- 貝　9, 15, 21, 22, 23
- 外骨格　12, 35
- カイメン　14
- カエルアンコウ　9
- かざりバネ　25
- カタツムリ　6, 15, 23
- カツオ　9
- 滑空　8, 11
- カニ　15, 31
- カバ　9
- カメ　22
- から　13
- ガラパゴス諸島　20
- ガラパゴスフィンチ　20
- カワセミ　16
- 気管　11, 12, 13
- キジ　25
- キタゾウアザラシ　24
- 気嚢　11
- 気門　13
- 求愛　25, 36
- 棘皮動物　13
- 筋肉　9, 12
- クジャク　3, 25
- クジラ　7, 9
- クダマキモドキ　30
- くちばし　16, 20
- クマ　13
- クモ　12, 24, 37
- クラゲ　6, 14
- クワゴマダラヒトリ　23
- 群生相　27
- 毛　17, 23
- 警告色　32, 33
- 毛虫　23
- 肩甲骨　22
- 犬歯　3, 21
- コウイカ　23
- 口器　21
- 光合成　19
- 硬骨魚類　9
- 構造色　35
- 甲虫　33
- コウノトリ　17

さ行

- 交尾　15
- コウモリ　10
- こうら　15, 22, 31
- コガタスズメバチ　33
- 古生代　13
- コダーウィンフィンチ　20
- 個体　6, 26, 27, 31, 36, 37
- 骨格　7, 9, 12, 13, 31
- 孤独相　27
- 五放射相称　14
- ゴミグモ　31
- 昆虫　10, 12, 13, 26, 33, 35
- 魚　6, 9, 15, 16, 21, 35
- サザエ　21
- サバクトビバッタ　27
- サメ　9
- 左右相称　14, 15
- サンショウウオ　26
- 酸素　11, 13
- 紫外線　35
- 色素　34
- 歯舌　21
- 自然選択　6
- 四足歩行　7
- 子孫　6, 16
- シマウマ　28
- 収れん進化　8
- ジョロウグモ　24
- シロアリ　8
- 新幹線　16
- スケールイーター　15
- スナガニ　30
- ズワイガニ　14
- セイヨウミツバチ　33
- せきつい動物　12
- 背骨　12, 23
- 祖先　7

た行

- ダーウィンフィンチ　20
- 体液　13, 21

38

体毛	12	ハネ	3, 13, 17, 27, 33	ま行	
脱皮	31	ハラヒシバッタ	31	マレーグマ	13
タマシギ	25	ハリトカゲ	36	ミシシッピーアカミミガメ	25
チューブワーム	19	繁殖	15, 24, 25	ミジンコ	27
チョウ	6, 21, 33, 35	ヒカリキンメダイ	19	ミツクリザメ	18
ツェツェバエ	28	ヒグマ	13	ミツバチ	21
つがい	24, 25, 28	ヒゲクジラ	21	ミミズ	13
ツキノワグマ	13	ヒゲナガアブラムシ	27	ミュラー	33
角	23, 27	ヒト	6, 11, 15, 16, 21, 24, 34, 35	ミュラー型擬態	33
翼	3, 10, 11, 17	ヒトデ	6, 14	ムシクイフィンチ	20
天敵	22, 23, 26, 27, 28, 29, 30, 31, 32, 33, 37	皮膜	8, 11	無相称	14
		ヒメアトスカシバ	33	胸ビレ	9
毒	32, 33	表現型可塑性	26	ムラサキウニ	23
トゲ	23	ヒラメ	15	メガネウラ	13
トビトカゲ	11	ヒレ	11	モクズショイ	31
トラフカミキリ	33	フクロアリクイ	8	モモンガ	8, 11
鳥	6, 10, 11, 20, 35	フクロウ	15	モルフォチョウ	35
ドルドン	7	フクロウナギ	18	モンシロチョウ	35
トンボ	13, 17	フクロモモンガ	8	や行	
な行		フジツボ	22	ヤゴ	26
内臓	12	フタモンアシナガバチ	33	ヤツメウナギ	21
ナベブタアリ	11	プランクトン	21, 27	ヤドクガエル	32
ナマコ	14	浮力	12	ヤマアラシ	23
ナミテントウ	37	分断色	31	ヤマナメクジ	23
軟骨魚類	9	ベイツ	33	ヤモリ	17
ネコ	12	ベイツ型擬態	33	有袋類	8
熱水噴出孔	19	ベッコウガガンボ	33	ユノハナガニ	19
ノコギリクワガタ	24	ヘビ	16	幼生	26
は行		ベルクマン	13	揚力	10
肺	11	ベルクマンの法則	13	ら行	
バイオミミクリー	17	ペンギン	9	ライオン	3, 21
背景一致	30	変態	26	リュウグウノツカイ	19
ハエ	33	放射相称	14	流線型	9
パキケトゥス	6	ホウライエソ	19	リリエンタール	17
ハシリトカゲ	36	ホソヒラタアブ	33	りん粉	35
ハチ擬態	33	ホッキョククジラ	7	ロドケトゥス	7
バッタ	12, 21	ホッキョクグマ	13	わ行	
ハッピーフェイススパイダー	37	ほ乳類	7, 8, 13	ワシ	3, 11
ハト	10	骨	11, 12		
ハナアブ	33	ホワイトサンズ国定公園	36		
ハナジロカマイルカ	7				

※赤文字の用語は、赤数字のページに＊で説明を補っています。

著者

中田 兼介（なかた けんすけ）

1967年大阪府生まれ。京都大学大学院理学研究科修了、博士（理学）。日本学術振興会特別研究員、長崎総合科学大学講師、東京経済大学准教授などを経て、現在、京都女子大学現代社会学部教授、日本動物行動学会所属。専門は動物行動学、生態学。

イラスト（p.8～17、p.20～27、p.30～37、うしろ見返し）

角 愼作（すみ しんさく）

1956年岡山県生まれ。大阪芸術大学中退後、土木設計事務所勤務を経て、フリーイラストレーターとなる。水彩、鉛筆、ペン、油絵などで、手描きタッチをいかしたイラストを制作。

イラスト（p.3、p.6～7、p.18～19、p.28～29、前見返し）

関上 絵美（せきがみ えみ）

東京都在住。立教大学卒業。リアルイラストからキャラクターまで幅広い作風をもち、各種雑誌・書籍・広告・パッケージなど多方面にわたってイラストの制作を手がけている。二科展イラスト部門受賞歴あり。

企画・編集・デザイン

ジーグレイプ株式会社

この本の情報は、2016年8月現在のものです。

びっくり！ おどろき！ 動物まるごと大図鑑
②動物のふしぎなすがた

2016年10月10日　初版第1刷発行　　〈検印省略〉

定価はカバーに
表示しています

著　　者　中　田　兼　介
発　行　者　杉　田　啓　三
印　刷　者　田　中　雅　博

発行所 株式会社 **ミネルヴァ書房**
607-8494 京都市山科区日ノ岡堤谷町1
電話 075-581-5191／振替 01020-0-8076

© 中田兼介, 2016　　　印刷・製本　創栄図書印刷

ISBN978-4-623-07809-7
NDC480/40P/27cm
Printed in Japan

動物の生態や消化のしくみをウンコから学ぶ

みてビックリ！動物のウンコ図鑑 全3巻

山本 麻由 監修 / 中居 惠子 文

1. 草食動物はどんなウンコ？
2. 肉食動物はどんなウンコ？
3. 雑食動物はどんなウンコ？

27cm　40ページ　NDC480　オールカラー　対象：小学校中学年以上

気をつけろ！猛毒生物大図鑑 全3巻

今泉 忠明 著

山や森、海や川、家やまちにいる
猛毒生物がよくわかる！

① 山や森などにすむ　猛毒生物のひみつ
② 海や川のなかの　猛毒生物のふしぎ
③ 家やまちにひそむ　猛毒生物のなぞ

27cm　40ページ　NDC480　オールカラー　対象：小学校中学年以上

動物のふしぎなすがたを見に行こう

本書では、私たちの身近なところで観察できる動物たちを多く解説・紹介しています。なかでも、見つけやすい動物たちをここに紹介しますので、「動物のふしぎなすがた」を観察してみてください。

なお、観察に行くときは子どもだけで行かずに、かならず、保護者の方や先生と一緒に行くようにしてください。

家のまわりや公園などで観察できる動物

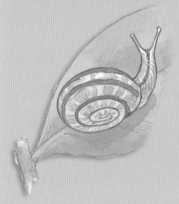

カタツムリ →p.15
日本全国に分布。移動する能力が低いため、それぞれの地域で異なる種が生息している。乾燥が苦手なので、湿度の高い場所で観察できる

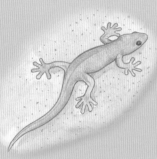

ヤモリ →p.17
日本全国に分布。民家やその周辺に生息し、都市部で多く見られる。夜行性で、昼はかべのすき間で休んでいる

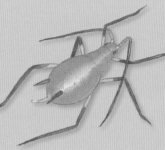

ヒゲナガアブラムシ →p.27
本州から九州にかけて分布。セイタカアワダチソウの上で集団でくらす

クワゴマダラヒトリ（ガの一種）の幼虫 →p.23
日本全国に分布。さまざまな種類の植物の葉を食べ、害虫としても扱われる

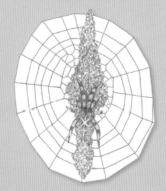

ゴミグモ →p.31
本州から九州に分布。林の中や民家の庭などにもあみを張る。ゴミをあみにぶら下げて、その中で隠れるようにじっとしている

ジョロウグモ →p.24
本州から九州にかけて分布。夏から秋にかけて大きなもので直径1メートルほどのあみを張る

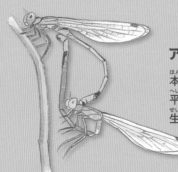

アオモンイトトンボ →p.36
本州、四国、九州、沖縄に分布。平地や池、水田、湿地などに広く生息している